U0332248

# 孩子超爱看的二十四节气

磨铁星球 编著

中国友谊出版公司

目录

# 秋

# 冬

春

# 立春

　　立春是二十四节气中的第一个节气，"立"就是开始的意思，立春就是春季的开始，意味着新的一年轮回开启。立春后，万物开始有复苏的迹象，开始焕发勃勃生机。

# 元日

[宋] 王安石

爆竹声中一岁除，
春风送暖入屠苏。
千门万户曈曈日，
总把新桃换旧符。

# 立春三候

### 🎈 一候 "东风解冻"

立春之后，东风送暖，气温逐渐
上升，冰雪开始消融。

### 🎈 二候 "蛰虫始振"

蛰居的虫类慢慢开始苏醒，等到
惊蛰、春分节气时便开始出动。

### 🎈 三候 "鱼陟负冰"

天气回暖，冰层变薄，此时水面上还有
许多没有融化的碎冰，水中的鱼儿就像
是背负着冰在游动。

# 立春习俗

## 吃春饼

在立春这天，人们还有吃萝卜、春饼、卷饼的习俗，叫作"咬春"。春饼是用面粉烙成的薄饼，食用时会裹上蔬菜和肉食，有迎接春天的含义。

## 吊春穗

在有的地方，人们会用彩线编织成各种各样的"穗"挂在身上，来祈求风调雨顺、五谷丰登。

## 鞭春牛

也叫打春牛。自古以来，人们就有"鞭春""打春"的习俗。春牛一般是用泥做成的，立春时将泥塑的春牛打碎，寓意着鞭打懒惰之气，提醒人们春耕即将开始。

雨水

到了雨水节气，气温回升，雨量渐增，万物在雨水滋润中生长，春天的气息也越来越浓厚了。"好雨知时节，当春乃发生"描述的就是这个时节雨润万物的景象，此时也正是春耕抢晴播种的好时机。

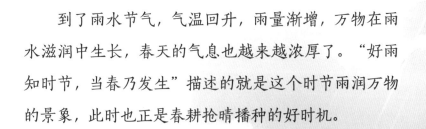

# 早春呈水部张十八员外（其一）

[唐]韩愈

天街小雨润如酥，草色遥看近却无。
最是一年春好处，绝胜烟柳满皇都。

# 雨水三候

🎈 一候 "獭祭鱼"

水面的冰都融化了，经过一个冬季的蛰伏，水獭爬出水面，把捕捉到的鱼摆成一排，如同祭祀一般陈列在岸边。

🎈 二候 "雁北归"

大雁享受完南方冬季的暖阳，开始排成"人"字形或"一"字形飞回北方。

🎈 三候 "草木萌动"

在雨水的滋润下，草木喝饱了雨水，黄绿色的嫩芽开始萌发。

# 雨水习俗

### 占稻色

人们还会通过爆炒糯谷米花，来占卜当年稻谷收成的多少。爆出来的糯谷米花越多，收成就越好。

### 吃春笋

雨水时节正是春笋大量破土而出的时候，此时的春笋最为鲜嫩可口。在这一时节品尝春笋，既是对大自然馈赠的享受，也是人们顺应时令的生活方式的体现。春笋象征着生机勃发，所以雨水吃春笋也有迎接春天到来的美好寓意。

### 春耕农忙

雨水前后，土质变得松软。这个时候，各地的农民抓紧农时，开始翻耕农田、春播耕地、麦田施肥等农事活动，到处都是一片春耕繁忙的景象。在有的地方，人们还会把河塘和湖塘里的淤泥打捞出来用作肥料。

# 惊蛰

春雷响，万物长。惊蛰是立春后的第二个节气，在公历 3 月 6 日前后。在这个时期，气温回升，那些蛰伏在地下冬眠的动物，被春天里的第一声惊雷叫醒，纷纷出来活动，大地上变得热闹起来。

# 钱塘湖春行

[唐]白居易

孤山寺北贾亭西，水面初平云脚低。

几处早莺争暖树，谁家新燕啄春泥。

乱花渐欲迷人眼，浅草才能没马蹄。

最爱湖东行不足，绿杨阴里白沙堤。

# 惊蛰三候

**一候 "桃始华"**

在惊蛰时节，酝酿了一个冬季的桃花开始盛开。

**二候 "仓鹒鸣"**

仓鹒（黄鹂）站在树枝上发出清脆的鸣叫声，悦耳的莺歌奏响了属于春天的乐曲。

**三候 "鹰化为鸠"**

老鹰藏在山林间，悄悄繁育后代；斑鸠则到处撒了欢儿地啼叫，寻找合适的伴侣，让人以为是鹰化为了斑鸠。

**二月二，龙抬头**

北方有"二月二，龙抬头"的说法，人们认为响雷也惊醒了掌管着下雨的龙神。所以人们会在这一天祈求风调雨顺，新的一年能够五谷丰登。

# 惊蛰习俗

### 蒙鼓皮

雷鸣是惊蛰最重要的特征，古人认为这些雷声是雷神用鼓槌击打天鼓发出的声音。在这一天，人们也会给鼓蒙上新的鼓皮，击打人间之鼓向雷神表示感谢。

### 炒蝎豆

蝎豆一般是黄豆，将它们放在锅中炒时，会发出"噼里啪啦"的声响，就像在炒虫子一样。民间认为，在惊蛰时吃炒熟的蝎豆，可以避免被蝎子蜇伤。

### 吃梨

惊蛰吃梨是民间十分流行的习俗。"梨"与"离"同音，在惊蛰这天吃梨，有着百病离身，并让害虫远离庄稼的寓意。

春分

春分是春季的第四个节气，在公历 3 月 20 日或 3 月 21 日。它将春季一分为二，同时也将昼夜平分。在古代，春分也叫"日中"，这一天太阳直射赤道，所以春分日的白天和黑夜一样长。

春分后，雨水充沛、阳光明媚，到处是鸟语花香，农耕也进入了刻不容缓的繁忙时节。

# 村居

[清]高鼎

草长莺飞二月天，拂堤杨柳醉春烟。
儿童散学归来早，忙趁东风放纸鸢。

# 春分三候

### 一候"玄鸟至"

成群的玄鸟（燕子）从南方飞回来，
叽叽喳喳地穿梭在屋檐下和田野间，
衔泥修筑旧巢，开始了新一年的生活。

### 二候"雷乃发声"

春分过后，雨水渐多，天空
开始传来轰隆隆的雷声。

### 三候"始电"

雷雨天气渐渐变多，打雷的同时伴随着闪电，
人们经常可以看见从云间劈向大地的闪电。

# 春分习俗

## 立蛋

"春分到，蛋儿俏"，现在，有的地方还保留着春分"立蛋"的习俗，就是将鸡蛋竖起来。古代的小孩们在比赛立蛋时，如果谁能将鸡蛋立起来，那他就能在小伙伴面前吹牛一整年。

## 送春牛

春牛图是一种印有二十四节气和耕牛的图纸。每当春分来临之际，就会有能说会唱的人挨家挨户送出春牛图，还对主人说着与春耕和丰收相关的俗语。这叫作"说春"，说春人则叫作"春官"。

## 祭日

在古代，春分是一个非常重要的日子。在这一天，皇帝会举行隆重的祭日大典，祈求这一年能够风调雨顺、国泰民安。北京的日坛公园，就是明、清皇帝举行春分祭日的地方。

## 放风筝

春分时天气舒适，很多大人会带着孩子到户外放风筝，并将祝福的话语写在风筝上，让春风将它带给远方的亲人和朋友。

清明是春季的第五个节气，在公历4月5日前后。到了清明时节，大地上寒冬的痕迹已经基本退去。在春风的吹拂下，万物竞相生长，天地间呈现出清澈明净的景象。

清明既是二十四节气之一，也是我国的传统祭祖节日。

# 清明

[唐]杜牧

清明时节雨纷纷，路上行人欲断魂。
借问酒家何处有，牧童遥指杏花村。

# 清明三候

### ○ 一候"桐始华"

桐树开始发芽并开花，淡紫色的花朵挂满枝头，在微风吹拂下，就像仙女在翩翩起舞。

### ○ 二候"田鼠化为鴽（rú）"

清明节后天气变得更加温暖，不喜阳光的田鼠躲在洞穴里不出来。而这时候鴽（鹌鹑类的小鸟）的身体开始变得健壮，鸣叫声越发欢快悦耳。

### ○ 三候"虹始见"

清明多雨，下雨后，清澈明亮的天空中有时会出现美丽的彩虹，就像为春天编织了一个七彩梦境。

# 清明习俗

## 清明前后，种瓜点豆

清明是农忙时期，这个时期正是春播的重要时期。一到清明，人们就坐不住了，纷纷扛起锄头到田地里耕种。人们相信，如果清明前后能下一场春雨，就能种瓜得瓜、点豆得豆。

## 吃青团

在南方，人们在清明时节有吃青团的习俗。将艾草洗净取出汁水，倒入糯米粉里再加入馅料，揉成一个个可爱的小团子，将其蒸熟后，又香又糯，还带着淡淡的青草香味。

## 踏青

清明时节天气舒适、春意盎然，十分适合郊游。人们会结伴来到郊外，游春赏景。

## 扫墓祭祖

清明扫墓祭祖是我国自古以来就有的传统习俗。在清明前后，人们会回到故土，为逝去的亲人扫墓，缅怀先祖。

谷雨

谷雨是春季的最后一个节气，在公历 4 月 20 日前后。谷雨有着"雨生百谷"的寓意，此时气温上升、雨水充沛，正是田地里的谷物幼苗拔节生长的关键时期。而田野间的野花逐渐凋零，柳絮飞落，春天接近尾声了。

# 春日

[宋]朱熹

胜日寻芳泗水滨，无边光景一时新。
等闲识得东风面，万紫千红总是春。

# 谷雨三候

### 一候 "萍始生"

随着雨水增多，水塘、湖泊、河畔里的浮萍在短短几日里迅速生长，给水面覆上了一层绿色面纱。

### 二候 "鸣鸠拂羽"

布谷鸟站在山谷和田间的枝头上，一边用嘴梳理身上的羽毛，一边"布谷布谷"地叫个不停，好像在催促人们抓紧时间劳作，别误了农时。

### 三候 "戴胜降于桑"

一种叫作戴胜的长有羽冠的鸟从远方飞了回来，停在桑树上鸣叫。它头顶上的羽冠像一顶绝美的皇冠。

# 谷雨习俗

## 采茶

清明后，谷雨前是最佳的采茶时节。谷雨茶生长在温和的春季，茶叶十分细嫩，泡出来的茶清香宜人，味道极佳，在这个时候采集的茶叶也叫作雨前茶。传说，谷雨喝茶，具有清火、辟邪、明目的效果。

### 祭海

生活在北方沿海一带的渔民，会在谷雨下海捕鱼前举行"壮行节"活动。渔民们抬着供品来到海神庙前，敲锣打鼓、燃放鞭炮，举行隆重的祭祀仪式。有些地区则直接在海边举行海祭，祈祷海神保佑出海的渔民们能够平平安安、满载而归。

### 走谷雨

在谷雨这天，很多青年女性会走出家门，在村里或者野外走一圈再回来，寓意着与大自然密切融合，在这一年里都会有一个强健的身体。

# 节气小课堂

## 立春和春节

立春通常在春节之前。在汉代时，人们曾将立春这一天定为春节，并延续了两千多年。直到中华民国建立后，才将立春和春节分开，将农历的正月初一定为春节。

## 农历

农历是我国的传统历法。在古代，人们根据月亮的运行周期，找到了大自然四季变化的规律，在实践中总结出了一套时间历法。几千年来，人们就依靠农历进行农业生产和日常活动。

传统节日就是按照农历划分的，比如，农历的八月十五是中秋节、正月十五是元宵节等等。

## 物候现象

二十四节气中的每个节气对应三个物候,共有七十二物候。物候精辟地总结了动物、植物以及气候随着季节产生的周期性变化。比如,动物什么时候迁徙繁殖、植物什么时候开花结果、什么时候降霜下雪等等。

\* 二十四节气的公历日期基本固定,每年略有不同,图中的时间段表示在该段时间内进入该节气。

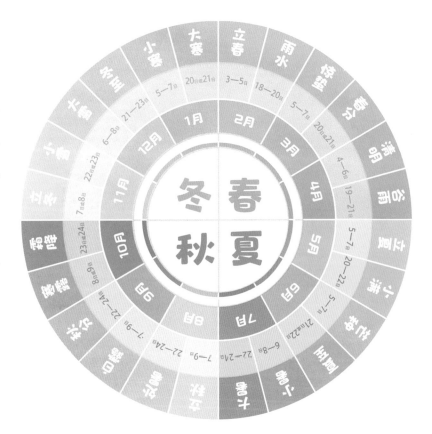

## 元宵节

农历正月十五是元宵节,也是一年中的第一个月圆之夜。这一天人们除了要吃元宵,还会举办很多传统习俗活动,比如猜灯谜、闹花灯、耍龙灯、舞狮子等等,非常热闹。

## 春蚕

在清明和谷雨前后，桑树长出嫩叶，正是采桑养蚕的最佳时节。蚕卵孵化成幼虫后，会不停地吃桑叶，在短短一个月内将自己吃成一个大白胖子。

有句诗写道，"春蚕到死丝方尽"，春蚕开始吐丝结茧，用来结茧的蚕丝是一种天然的纺织原料。养蚕人将茧采集后进行抽丝、纺织，做成衣物、被子等。

## 倒春寒

当初春气温慢慢上升、人们放松了对寒冷的警惕时，有时候冷空气会突然来一个"回马枪"，回升的气温陡然降到正常年份的气温以下，这就是倒春寒。对于农业来说，倒春寒是一种灾害性天气，很多农作物都可能会被冻坏。

## 迎春花

迎春花是春季百花中开花最早的花之一，它就像一把打开春天的钥匙，在初春时绽放，开启了春天的大门。在它开放之后，才迎来百花齐放的春天。

立夏

立夏是夏季的第一个节气，在公历5月6日前后。立夏标志着春季结束，夏天要开始了。

风暖人间草木香，绿树荫浓夏日长。立夏后，风变得温暖，白天也变得更长，万物进入了一个疯狂生长的阶段。花草树木枝繁叶茂，大地开始褪去春季的青涩。

# 小池

[宋]杨万里

泉眼无声惜细流，树阴照水爱晴柔。

小荷才露尖尖角，早有蜻蜓立上头。

# 立夏三候

## ● 一候 "蝼蝈鸣"

到了晚上，白天藏在田间的蝼蝈都跑了出来，坐在田埂上举行"歌唱比赛"，为热闹的夏夜拉开序幕。

## ● 二候 "蚯蚓出"

充沛的雨水滋润了土地，住在地下的小蚯蚓们迫不及待地破土而出，奔赴今年的夏季之约。

## ● 三候 "王瓜生"

温煦的夏风催促王瓜的藤蔓攀爬生长，待到花落后，调皮的王瓜迎风露出了可爱的小脑袋。

# 立夏习俗

## 挂蛋

在古代，人们用彩线结网套住鸡蛋挂在胸前，求助女娲避免让人在夏天感到身体疲惫。圆溜溜的鸡蛋寓意着圆满和平安，立夏挂蛋、吃蛋的习俗也流传至今。

## 称人

在江南的一些地方，立夏时，人们会挂起一杆大木秤，秤钩上悬挂一个大箩筐，人们轮流坐在箩筐里称体重，寓意"即便夏季炎热，身体也不会消瘦"。

## 食立夏饭

立夏饭就是用黄豆、黑豆、赤豆、绿豆、青豆和大米一起煮成的"五色饭"，这些豆子不仅可以消暑祛热，也寓意着"五谷丰登"。

## 立夏见麦芒

立夏以后气温升高，降雨增多，农作物生长速度加快，小麦开始进入抽穗灌浆阶段。

# 小满

小满是夏季的第二个节气，在公历 5 月 21 日前后。此时在我国北方，气温快速上升，大地逐渐换上了夏装，绿树成荫，麦浪泛黄，荷花也露出了尖尖角，到处是欣欣向荣的初夏景象。

将满未满是小满。小满时，北方的小麦已经开始饱满，但还未完全成熟；在南方地区如果降雨量偏低，农民们则需要将稻田里蓄满水，保证农作物水分充足。

# 江南

汉乐府

江南可采莲，莲叶何田田。鱼戏莲叶间。

鱼戏莲叶东，鱼戏莲叶西，

鱼戏莲叶南，鱼戏莲叶北。

# 小满三候

### ● 一候"苦菜秀"

小满时，一种叫作苦菜的野菜长势喜人，在古代，很多人都会食用苦菜来度过青黄不接的时节。

### ● 二候"靡草死"

由于气温急速上升，枝叶细软又喜阴的靡草经受不住高温和阳光的暴晒，逐渐枯萎死亡。

### ● 三候"麦秋至"

虽然是夏天，但对于已经逐渐饱满成熟的小麦来说，小满是独属于它们的收获的"秋天"。

# 小满习俗

## 抢水

在南方的一些地区，小满这一天，人们会在黎明时点燃火把，以锣鼓为号，同时踏动数十辆水车，将河水引入农田，以此来避免小满时出现旱情从而影响农作物生长。

## 祈蚕

在中国"男耕女织"的文化中，"女织"就是养蚕织布。在古代，蚕十分难养，在以养蚕著称的江浙地区，人们会在小满这天举行"祈蚕节"活动，祈祷获得桑蚕的丰收。

## 祭车神

在古代，水车是一种非常重要的灌溉设施。在小满这天，人们会启动水车。传说水车是白龙的化身，因此在启动水车时，会举行祭车神的仪式。人们还会将一杯白水倒入田中，祈求这一年风调雨顺、水源充足。

芒种是夏天的第三个节气，在公历 6 月 6 日前后。这个时节气温很高、雨量充沛，南方地区开始进入梅雨时节。

芒种谐音"忙种"，秋种的麦子已经完全成熟，人们要抢着时间收割，夏播稻谷也要赶紧种植。同时还要管理春种的庄稼。"春争日，夏争时"，芒种是个处于"三夏"（夏收、夏种、夏培）的农忙时节。

# 约客

[宋] 赵师秀

黄梅时节家家雨，青草池塘处处蛙。

有约不来过夜半，闲敲棋子落灯花。

# 芒种三候

🎈 **一候"螳螂生"**

螳螂于上年秋天产卵,直到在次年的芒种
时期感受到炎热时,小螳螂才会破壳而出,
降生在仲夏之际。

🎈 **二候"鵙始鸣"**

经过一整个春季的成长,鵙(伯劳)
已经长大,纷纷在芒种后出巢活动,
站在枝头上大声鸣叫。

🎈 **三候"反舌无声"**

在春天的舞台上异常活跃的反舌鸟,
在感应到阴气后,慢慢停止了鸣叫,
随着春天一起沉寂了。

# 芒种习俗

## 送花神

芒种时节, 百花逐渐凋谢, 古代人会用花瓣、柳枝编制成轿子、马和旗帜, 系挂在枝头为花神送行。

## 煮梅

芒种正是青梅成熟的时节, 新鲜的青梅十分酸涩, 用青梅煮出来制成的饮品却酸甜可口, 还能消热解暑, 是夏季的绝妙饮品。

## 挂艾草

艾草被认为具有驱邪、防疫、祛病的作用。艾草的香味可以驱赶蚊虫, 有助于保持室内环境的清洁, 这对于即将到来的炎热夏季是有益的。

夏至

夏至是夏季的第四个节气，在公历6月21日或6月22日。伴随着聒噪的知了声，炎热的盛夏就要到来了。在强烈的热流中，雷阵雨十分频繁，天空中经常出现"东边日出西边雨"的现象。

"吃了夏至面，一天短一线"，夏至过后，白天开始慢慢变短。

# 竹枝词二首（其一）

[唐]刘禹锡

杨柳青青江水平，闻郎江上唱歌声。

东边日出西边雨，道是无晴却有晴。

# 夏至三候

### ● 一候 "鹿角解"

古人认为，鹿属阳，它们的角是朝前生长的。夏至后阳气慢慢衰减，鹿感知到阴阳变化后，鹿角就慢慢脱落了。

### ● 二候 "蜩始鸣"

雄知了伏在树上，开始不断振动翅膀大声鸣叫，此起彼伏的歌声，好像要和盛夏的炙热比个高低。

### ● 三候 "半夏生"

夏天刚过去一半，沼泽旁、水田中和小溪边就出现了药草半夏的身影，它们咕咚咕咚地喝着水，开始蓬勃生长。

## 古代的法定假日

夏至是最古老的节气之一，在古代也叫作"夏节"。宋朝时，官员们有三天的夏至假期，用来和家人团聚。

# 夏至习俗

## 🎐 吃面

人们用新收的小麦做成面条，寓意"尝新庆丰收"。但与平常吃的热汤面不同，夏至面是过完一遍冷水后的面条。

## 🎐 消夏避伏

在古代，妇女们会相互赠送扇子，希望对方能用它赶走夏日的炎热。在有的朝代，朝廷还会拿出储藏的冰块分给官员们消夏避伏。

## 🎐 放荷灯

夏至时，人们会在河边放荷灯，点点烛光随着河流漂远，将思念带给那些逝去的亲人。

小暑是夏季的第五个节气，在公历 7 月 7 日前后。

"小暑过，每日热三分"，虽然还没有热到极致，但骄阳似火、热浪席卷，大地就像一个大蒸笼。好在暴雨时常降临，带来了一些凉意。

充足的光照和水分是农作物茁壮成长的源泉，站在发烫的田埂上，人们要抢收早稻，同时又要播种晚稻。

# 四时田园杂兴（其二十五）

[宋] 范成大

梅子金黄杏子肥，麦花雪白菜花稀。

日长篱落无人过，惟有蜻蜓蛱蝶飞。

# 小暑三候

## 一候"温风至"

小暑过后，从山间、田野各处吹来的风都带着热乎乎的气息，就像水蒸气一样扑面而来。

## 二候"蟋蟀居宇"

田间的蟋蟀热得受不了了，来到屋檐的阴凉处避暑,时不时"吵嚷"几声"天气太热了"。

## 三候"鹰始鸷"

地面温度越来越高，穿着一层羽衣的老鹰只能翱翔在高空中避暑。

# 小暑习俗

## 晒伏

"六月六，人晒衣裳龙晒袍"。小暑前，南方许多地区有一段长长的梅雨季，此时衣服和书籍很容易发霉。梅雨季结束，家家户户会趁着阳光把衣服、被子、书籍等物品拿出来晒一晒，消除霉气和蛀虫。

## 尝新食

很多地方都有"食新"的习俗。人们将在小暑新收的稻谷碾成米，做成美食，酿成新酒，祭祀完谷神和祖先后，人们也会品尝这美味的新粮。

## 游伏

"游伏"的谐音为"有福"。小暑前后，人们出门游玩，欣赏盛夏的景致，希望通过游伏的方式做个有福之人。

# 大暑

大暑是夏季最后一个节气，在公历 7 月 23 日前后，是全年最热的时节。

"大暑至，万物荣华"，大暑处于三伏天气温最高时，此时日照充足，雨水充沛，各种农作物的生长也达到了最旺盛的时期。

# 三衢道中

[宋]曾几

梅子黄时日日晴，小溪泛尽却山行。

绿阴不减来时路，添得黄鹂四五声。

# 大暑三候

## 一候"腐草为萤"

小暑期间,萤火虫在枯草丛中产卵,到了大暑,枯草变得潮湿腐化,此时小的萤火虫恰好孵化而出,看起来就像是这些腐草变成了萤火虫。

## 二候"土润溽暑"

天气愈发闷热,大量的雨水让土地变得潮湿,湿热交叉的气候令人难以忍受。

## 三候"大雨时行"

大量的热气和湿气汇聚在一起,在天空中形成大雨落下,抵消着酷热带来的烦躁。

# 大暑习俗

## 喝暑羊

在夏季，人们会食用羊肉汤来补充营养，增强体质。暑羊汤的做法多样，可以根据个人口味和地方特色加入不同的调料和配菜。通常，人们会选择清淡的羊肉汤，以避免过度的油腻感。

## 斗蟋蟀、扑萤火虫

大暑前后是蟋蟀和萤火虫最多的时节，很多地区有在饭后斗蟋蟀的习俗。在乡村，孩子们会到田间抓蟋蟀、扑萤火虫，十分有趣。

## 喝伏茶

伏茶是由多种清热去火的中草药煮成的茶水。在大暑喝伏茶，有助于降温祛暑。

# 端午节

每年农历的五月初五是中国的传统节日——端午节，也叫"端五""端阳"。相传端午节始于春秋战国时期，至今已有两千多年的历史。端午节的习俗有吃粽子、赛龙舟、佩香囊、挂艾草、系五彩绳等。

## 吃粽子

粽子又叫"角黍""筒粽"，一般用粽叶包裹糯米蒸制而成。大枣、豆沙、鲜肉……粽子的馅料多种多样。粽子是传统节庆食物之一。

## 节气小课堂

## 划龙舟

战国时期，著名的爱国诗人屈原为国献身跳进了汨罗江。百姓知道后，便自发到江中划龙舟驱散鱼群，保护屈原的身体不被鱼儿吃掉。后来划龙舟就变成了端午节的传统习俗，一直流传至今。

## 梅雨季

芒种后，江南地区的天气一直阴沉沉的，连绵不断的雨会持续一个月，空气又湿又热。在这段时期，放在室内的食物、衣服、家具等都很容易发霉，因此梅雨也被称为"霉雨"。

## 知了

知了是蝉的俗称，夏天在树上鸣叫，是一种不完全变态的昆虫，一生要经历卵、若虫、成虫三个时期。和蚕相比，它们不需要经过蛹这个阶段。

不同种类的蝉，寿命也不尽相同，有的甚至能活十多年。不过，它们一生中绝大部分时间都以若虫的形态生活在黑暗的地下。

## 萤火虫

一闪一闪的萤火虫就像小灯笼一样，照亮着田野的上空。在萤火虫的腹部末端有一个发光器，里面含有萤光素和萤光素酶两种化学物质，二者发生反应就会以光的形式释放出能量。所以萤火虫可以发出光亮。

## 莲藕

莲藕不是根，而是荷花的变态茎，荷花的根埋在更深的淤泥里。淤泥里空气很少，根部无法呼吸，就需要中间的茎部承担贯通功能，将叶柄和叶子通过气孔获取的空气运输到根部。因此，茎部就分化出了很多气道，也就是我们看到的有着很多小洞的莲藕。

## 荷花

荷花是我国的名花，它的历史可以追溯到一亿多年前，是被子植物中起源最早的种属之一，被称为植物中的"活化石"。荷花浑身都是宝，美丽的花朵可供游人观赏，根、茎、叶、果实都可以食用，还可以做中药材。

秋

立秋是秋季的第一个节气，在公历8月8日前后。虽然夏季结束了，但是炎热还要持续一段时间。同时降雨减少，天气变得干燥起来。

"立秋十日遍地黄"，在秋风的催促下，农作物慢慢成熟，花草树木等也从繁茂走向凋零。

# 敕勒歌

北朝民歌

敕勒川，阴山下。

天似穹庐，笼盖四野，

天苍苍，野茫茫，

风吹草低见牛羊。

# 立秋三候

## 一候 "凉风至"

立秋后，虽然暑气尚未完全消散，但天气已不再像盛夏时那般炎热，空气中偶尔会吹来一丝略带凉意的风。

## 二候 "白露降"

随着昼夜温差逐渐加大，夜晚湿气接近地面，在清晨，空气中会产生雾气。

## 三候 "寒蝉鸣"

寒蝉在感知到初秋凉爽的气息后开始鸣叫。在它们凄凉的叫声中，人们迎来了萧瑟的秋天。

# 立秋习俗

## 🎈 贴秋膘

在立秋这天，人们将自己此时的体重与立夏时的体重做个对比，若是体重轻了，就会烹饪各种各样的肉食来补养因为苦夏而亏空的身体，将体重慢慢补回来，这就叫"贴秋膘"。

## 🎈 晒秋

秋天是丰收的季节，光照强烈，雨水很少，生活在山区的人们会在房前屋后、楼顶天台上晾晒刚收获的农作物。久而久之，就形成了"晒秋"的习俗。

## 一叶知秋

古时的人们会凭树叶的凋落推断秋天的到来。梧桐树会比其他树木更早感知到秋天的到来。当梧桐树阔大的树叶变黄落下时，就意味着秋天来临了。

处暑是秋季的第二个节气，在公历 8 月 23 日前后。

处暑即"出暑"，表示炎热的夏天要彻底结束了，阳光不再像火焰般炙烤大地，蝉鸣声已经远去，秋天的金黄色正一点一点地铺满大地。

处暑正是农作物成熟时，大部分地区的稻谷、玉米、瓜果、蔬菜等陆续成熟，人们开始进入忙碌的秋收时节。

## 秋 词（其一）

[唐] 刘禹锡

自古逢秋悲寂寥，我言秋日胜春朝。
晴空一鹤排云上，便引诗情到碧霄。

# 处暑三候

## 🎈 一候"鹰乃祭鸟"

秋天，鸟类数量增加，老鹰开始大量捕猎。在食用猎物前，老鹰将猎物摆放在四周，就像在学着人们祭祀似的。

## 🎈 二候"天地始肃"

大自然中的万物开始走向衰败，树叶凋零，草木枯萎。

## 🎈 三候"禾乃登"

稻谷、高粱、玉米、小米等农作物都成熟了，田间、地里到处都是人们忙碌的身影。

# 处暑习俗

## 🎈 出游迎秋

处暑后，暑热慢慢消散，秋意渐浓，正是去郊外游玩赏秋景的好时候。人们会在这个时期结伴出游，赏景迎秋。

## 🎈 吃鸭子

"七月半鸭，八月半芋"，七月半正是鸭子最肥美、最有营养的时候。"处暑送鸭，无病各家"，在江苏等地区，人们会将做好的鸭子分给邻居们，将美好的祝愿送给大家。

## 🎈 开渔节

处暑时，海水水温较高，大量鱼群停留在浅海区域，鱼虾贝类已经发育成熟。在沿海的一些地方，出海前，人们会举行盛大的开渔仪式，欢送渔民出海，祈愿他们能够满载而归。

白露是秋季的第三个节气，在公历9月8日前后。

到了白露，夏天的热气已经基本消散，天气变得清爽凉快。昼夜温差增大，在太阳下山后，空气中的水汽凝结成水珠，附着在花草树木上。因为光的反射作用，水珠周围一圈散发着白光，故称"白露"。

# 月夜忆舍弟

[唐]杜甫

戍鼓断人行，边秋一雁声。

露从今夜白，月是故乡明。

有弟皆分散，无家问死生。

寄书长不达，况乃未休兵。

# 白露三候

## 一候 "鸿雁来"

感知到降温后，北方成群的鸿雁开始排队向南方迁徙，寻找温度适宜、食物丰富的避冬之处。

## 二候 "玄鸟归"

玄鸟（燕子）也开始结伴飞向南方的家园，在温暖的南方度过寒冬，等到第二年春天再回来。

## 三候 "群鸟养羞"

秋风萧瑟，山野的瓜果尽数成熟，鸟儿们开始采摘果实当作过冬的粮食。

# 白露习俗

## 打枣、收核桃

白露时，枣子和核桃开始成熟，人们开始打枣、收核桃了。

## 收清露

有的地方还保留着在白露这天收集清露的习俗。在早上露水最多时，人们会拿着碗收集花瓣、叶片上的露水。

## 酿酒

在白露前后，有的地方的人们会用新收的糯米、高粱等五谷杂粮来酿酒，这种酒也叫"白露米酒"。

秋分

秋分是秋季的第四个节气，在公历 9 月 23 日前后。和春分一样，秋分平分了秋季，并且这一天的太阳直射赤道，白天和夜晚一样长。秋分过后，北半球白昼慢慢变短，黑夜逐渐变长。

"一场秋雨一场寒"，秋分时节天气渐凉，秋高气爽，枫叶渐渐染上了火红的颜色，阵阵飘香的桂花让秋天变成一个充满了诗情画意的季节。

# 秋夕

[唐]杜牧

银烛秋光冷画屏，轻罗小扇扑流萤。

天阶夜色凉如水，卧看牵牛织女星。

081

# 秋分三候

🎈 **一候"雷始收声"**

春分时，"雷乃发声"，辛勤"工作"了一整个夏天，在秋分后，雷声慢慢偃旗息鼓、退出舞台，人们逐渐听不到空中轰隆隆的雷声了。

🎈 **二候"蛰虫坯户"**

天气慢慢变冷，很多昆虫已经储备好了越冬的食物，并且开始修筑巢穴，用细土将洞口封起来以抵御寒气的侵袭。

🎈 **三候"水始涸"**

秋天的降水量大大减少，加上天气干燥，水汽蒸发得快，江河湖泊的水量大幅度减少，从而变得干涸。

# 秋分习俗

## 祭月

"春祭日，秋祭月"，秋分祭月是一种古老的习俗。人们会在月下摆上供品，对着月亮拜祭，祈求平安团圆。后来，人们发现农历八月十五这天的月亮又大又圆，于是便在这天祭月、赏月，渐渐地发展成为中秋节。

## 吃秋菜

秋菜是一种野苋菜，也叫"秋碧蒿"。人们将秋菜与鱼片同煮，制作成"秋汤"和家人一起食用，借此祈求家人身体健康，家宅安宁。

## 粘雀子嘴

人们用细竹竿将不带馅的汤圆穿起，立在田坎上让鸟雀来吃，麻雀等鸟类吃了汤圆后会被粘住嘴，这样就没办法破坏庄稼了。

寒露

寒露是秋季的第五个节气，在公历 10 月 8 日或 10 月 9 日。到了深秋时节，天气渐渐从凉爽过渡到寒冷，气温下降很快。"九月节，露气寒冷，将凝结也"，晶莹剔透的露珠也快要凝结成霜了。

秋风扫落叶，山野的绿林尽数染上黄色，树叶随风飘扬坠落，在地上积起厚厚的一层，像是给大地盖上了金黄色的被子。

# 闲适（节选）

[宋] 陆游

四时俱可喜，最好新秋时。

柴门傍野水，邻叟闲相期。

# 寒露三候

## 一候 "鸿雁来宾"

从白露开始，大量鸿雁举家南迁，到了寒露时节，最后一批鸿雁也已经抵达了南方。

## 二候 "雀入大水为蛤"

田野间再难见到鸟雀的身影，而此时的海边，和鸟雀羽毛有着相似纹路的蛤蜊却开始大量出现。

## 三候 "菊有黄华"

百花感知到寒冷，纷纷凋谢，菊花却迎着冷风齐齐开放，傲然挺立在天地间。

# 寒露习俗

## 赏菊

赏菊是寒露时节的一个重要习俗。在古代，文人墨客聚在一起赏菊、品菊花茶、饮菊花酒，创作出了很多流传千古的佳作。

## 登高赏秋景

寒露时已进入深秋，天气凉爽，漫山遍野的枫叶红似火，山林也染上了绚烂的金黄，正是登高赏秋景的好时节。

## 插茱萸

茱萸是一种盛开在山谷、气味香烈的植物，常被用来祭祀、辟邪，亦可做佩饰。古人认为，在寒露时节将茱萸佩戴在胳膊上、插在香囊和头发上可以祛病除灾。

## 秋钓边

寒露前后，水温降低，鱼儿纷纷游向水温较高的岸边。此时钓鱼容易上钩，人们坐在岸边垂钓，收获满满，这就有了"秋钓边"的说法。

# 霜降

霜降是秋季的最后一个节气，在公历10月23日或10月24日。此时天气变得寒冷，气温骤降，昼夜温差极大，早上的露水都凝结成霜了，晨光下的大地一片银光闪闪。

"霜降杀百草"，附着在植物上的露水变成了霜，植物渐渐失去生机，大地变得一片萧索。

# 枫桥夜泊

[唐] 张继

月落乌啼霜满天，

江枫渔火对愁眠。

姑苏城外寒山寺，

夜半钟声到客船。

# 霜降三候

🔵 **一候"豺乃祭兽"**

此时农忙基本结束，五谷归仓。豺狼开始出来捕猎，为冬天做准备。它们将猎物堆积起来，就像在举行一场隆重的祭祀。

🔵 **三候"蛰虫咸俯"**

很多虫子一动不动地蜷缩在洞穴里或地下，开始了漫长的蛰伏。

🔵 **二候"草木黄落"**

大地上的草木树叶逐渐凋零，到处是一派萧条的景象。

# 霜降习俗

## 吃柿子

霜降后，火红的柿子像一盏盏小灯笼一样挂在枝头。经过霜打的柿子十分香甜，含有丰富的糖类和维生素，是极佳的美味。

## 霜降进补

民间自古有"补冬不如补霜降"的说法。到了霜降时节，天气变得寒冷，人们会在饮食上选择吃一些能滋补身体的食物，如闽南地区吃鸭子，广西地区吃牛肉，还有些地区煲羊肉来进补。

## 登高远眺

在古代有霜降时节登高远眺的习俗。登高不仅能使人的肺活量增加、血液循环增强，达到锻炼的目的，还可以提升人的意志力、陶冶情操等。

### 霜降见霜，米谷满仓

这是民间的一句俗语，如果在霜降这天降霜了，那么来年的粮食就会多得吃不完。

節气小课堂

### 七夕节

农历七月初七是一年一度的七夕节，也叫"乞巧节"。传说在这天夜晚，牛郎和织女会走上鹊桥，在银河上进行一年一次的相会。

## 重阳节

农历九月初九是重阳节，"九九"两阳数
相重,因此被称为"重阳节"。在重阳节这天,
人们有登高祈福、秋游赏菊、佩插茱萸、
祭祖的习俗。现在有些地方也将重阳节称
为"老人节"，提醒人们要感恩敬老。

## 中秋节

中秋节是我国最重要的传统节日之一，每年的八月十五
是秋季的中旬，因此被称为"中秋"。在古代就有秋分
祭月的习俗，到了唐朝，中秋节演变成了固定节日。中
秋节寓意着阖家团圆。人们聚集在一起,吃月饼、赏月、
猜灯谜、玩花灯、画兔儿爷等。

## 秋收

"春种一粒粟，秋收万颗子"，秋天是秋收、秋耕、秋种的忙碌时节。田里的稻穗被压弯了腰，黄澄澄、饱满的玉米遍布田间，大豆饱胀的豆荚炸裂开来，埋在土里的花生果壳开始变硬……还有很多熟透了的瓜果都要及时抢收。在很多地方，秋收后紧接着就要翻耕土地，开始播种冬小麦。

## 霜打的蔬菜更甜

在打霜的时候，蔬菜会开启"防冻模式"，将体内的淀粉转化为糖类物质，糖类物质易溶于水，所以被霜打后的蔬菜经烹饪后吃起来格外清甜。

## 天降露水

在白露节气后，早上可以在植物上看到很多小露珠。这些露珠并不是从天上掉下来的，而是因为昼夜温差大，晚上降温后，白天的热空气遇冷就液化成了小水珠附着在植物上，形成了露珠。

## 红色的枫叶

植物是通过叶子里的叶绿体进行光合作用，从而获得自身生命活动所需要的能量的。在叶子中，有一种绿色的叶绿素，夏天温度高，叶绿素含量多，所以叶子就是绿色的。到了秋天，气温降低，光照减少，叶绿素无法大量合成，叶子中的黄色的胡萝卜素和红色的花青素等色素则显现了出来，所以叶子就变成了黄色或者红色。

冬

# 立冬

　　立冬是冬季的第一个节气，也是冬季的第一天，在公历 11 月 7 日或 11 月 8 日，标志着冬天来临了。立冬后，气候逐渐变得寒冷，北方的地面开始结冰，有些地区甚至开始下雪了。此时大地上的万物进入了休养、藏匿的状态，人们也可以清闲下来了。

# 赠刘景文

[宋] 苏轼

荷尽已无擎雨盖，
菊残犹有傲霜枝。
一年好景君须记，
正是橙黄橘绿时。

# 立冬三候

**一候 "水始冰"**

立冬后温度降低，江河湖泊的水面变得越来越平静，慢慢出现了结冰的现象。

**二候 "地始冻"**

温度持续下降，在夜晚时，霜铺满大地，地表的土壤慢慢冻结。

**三候 "雉入大水为蜃"**

雉（野鸡）渐渐消失了，江海因为水位退减，出现了很多纹路与雉身上的花纹相似的蜃（大蛤），古人不由得想象：难道一到冬天，那些消失的雉就变成了蜃？

# 立冬习俗

## 🎈 吃饺子

自古以来,北方就有立冬吃饺子的习俗。饺子的谐音是"交子",立冬正好处于秋冬两季交替之际,所以被称为"交子之时"。饺子的形状很像耳朵,人们认为只要吃了饺子,耳朵在冬天就不会受冻了。

## 🎈 打糍粑

为了庆祝好收成,南方地区的人们会用新收的糯米打糍粑。将糯米蒸熟后倒入石臼,将其舂成又黏又软的一团,然后揪成各种形状,蘸上白糖或者花生粉,吃起来又香又糯。

## 🎈 贺冬

一年的繁忙终于结束了,立冬是人们清闲下来休养生息的时节。在立冬这天,人们会换上新衣去拜贺尊长,举行宴会等活动来贺冬。

小雪是冬季的第二个节气，在公历 11 月 22 日或 11 月 23 日。

由于天气变得寒冷，空气中的水汽会凝结成雪降落下来。但小雪时节的气候还不算太冷，下的雪是半冰半水的湿雪，刚落在地上就融化了。雪无法堆积，雪量也不大，所以这个节气被称作"小雪"。

# 梅花

[宋]王安石

墙角数枝梅，凌寒独自开。

遥知不是雪，为有暗香来。

# 小雪三候

### 一候"虹藏不见"

进入小雪节气后，空中的水汽会凝结成雪，于是不再下雨，雨后的彩虹自然也就不会再出现了。

### 二候"天气上升，地气下降"

天上的阳气上升，地上的阴气下降，天地之间的气息不再相交贯通，变得一片死寂。

### 三候"闭塞成冬"

严酷的寒冷席卷大地，天地闭塞而转入严冬，人和动物的活动量都明显减少了，万物都失去了生机。

# 小雪习俗

## 做腊肉

小雪后气温骤降，天气变得干燥，正是制作腊肉的好时节。人们将新鲜的肉用盐等调料腌制好，挂在通风的地方风干，或者挂在火炕上熏干，这样肉就能长时间保存而不腐坏。

## 腌寒菜

在古代，人们就学会用腌制的方法储存各种过冬的食物了。到了小雪时节，将白菜、萝卜、芥菜、葱等蔬菜洗净，放入大缸中，加上盐和其他调味品，盖上盖子腌制一段时间后，就变成了爽口开胃的腌菜。

## 收菜

冰雪冰冻的威力要比霜强大很多，所以地里的一些不太耐寒的蔬菜要在小雪时节全部收好，并储存进地窖，以免被冻坏。

105

大雪是冬季第三个节气，在公历 12 月 7 日前后。大雪到了，一年的时间便走到了末尾。

比起小雪，大雪时节的天气更加寒冷，下雪的可能性也增加了。很多地方被积雪覆盖，山河封冻，天地间一片银装素裹。

# 江雪

[唐] 柳宗元

千山鸟飞绝，万径人踪灭。

孤舟蓑笠翁，独钓寒江雪。

# 大雪三候

### 一候"鹖鴠（hé dàn）不鸣"

天寒地冻的时节,就连能抵抗寒冷的鹖鴠(寒号鸟）也不再鸣叫了，山林和田野之间安静极了。

### 二候"虎始交"

此时大地上的阴寒气息达到了顶峰，盛极而衰，阳气渐渐有所萌动，感知到这股气息的老虎开始出来寻找伴侣了。

### 三候"荔挺出"

一种叫作荔挺的植物也感受到细微的阳气萌动，偷偷抽出一点新芽，想要探头见识一下冬天的美景。

## 观赏封河

"小雪封地，大雪封河"，大雪节气期间，北方地区的江河被冰冻住了，人们聚集在冰河上滑冰、打雪仗、赏雪景，有些地方还会举行冰雕大赛和冰雕展览。

# 大雪习俗

### 喝红薯粥

大雪过后，气候非常寒冷，热乎乎的红薯粥香甜可口，富含丰富的营养物质，能在寒冷的冬天滋养人们的脾胃。

### 腌肉

大雪一到，人们开始忙着腌制咸肉。盐中加上八角、桂皮、花椒、白糖等入锅炒出香味，再将这些炒好的作料均匀涂抹在肉上，反复揉搓至变色，然后将肉放进密闭的缸内，两三天后取出来，挂在屋檐下或者窗台上晾晒干，就能得到风味独特的腌肉了。

# 冬至

冬至是冬季的第四个节气，在公历 12 月 22 日前后。

冬至是北半球全年夜晚最长、白昼最短的一天，从这一天开始，白昼逐渐变长，全国各地进入了最寒冷的时节，很多地区的气温降到了 0℃以下。

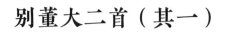

# 别董大二首（其一）

［唐］高适

千里黄云白日曛，北风吹雁雪纷纷。

莫愁前路无知己，天下谁人不识君？

# 冬至三候

## 一候 "蚯蚓结"

住在地下的蚯蚓能感知气候的变化，夏天阳气旺盛、气候温暖的时候，它们就会将身体舒展开来。到了寒冷的冬至时节，就蜷缩着身体蛰伏在泥土里。

## 二候 "麋角解"

麋的角是朝后长的，古人认为，麋角属阴，麋在感知到强盛的阴气慢慢减退后，麋角也随之脱落，到了第二年夏天再长出新角。

## 三候 "水泉动"

冬至后，大地深处的阳气在慢慢复苏，来自地底的山泉汩汩流动着，在幽静的大山深处发出叮咚叮咚的响声。

112

# 冬至习俗

## 🎈 吃汤圆

冬至吃汤圆，是南方地区的传统习俗。汤圆是一种用糯米粉和不同馅料制成的甜品，圆嘟嘟的十分可爱，吃起来也软糯可口。"圆"寓意着圆满、团圆，所以冬至这天吃的汤圆也叫"冬至团"。

## 🎈 绘制消寒图

在古代，为了打发冬季无聊的时间，人们发明了一种绘制消寒图的习俗活动。消寒图可以是一句诗，诗里的每个字都是九画；也可以是梅花图，即从冬至这天开始画一枝梅，枝上画梅花九朵，每朵九瓣，一天画一瓣，图画完了正好到了春暖花开的时候。

## 🎈 唱数九歌

"一九二九不出手，三九四九冰上走，五九六九沿河看柳，七九河开，八九雁来，九九加一九，耕牛遍地走。"
从冬至开始，就进入了人们常说的"数九寒天"，每九天为一个阶段，数完九个阶段共八十一天后，春天就要来临了。

小寒

小寒是冬季的第五个节气，在公历1月6日前后。

公历新年的钟声刚敲响，就迎来了小寒节气。"小寒时处二三九，天寒地冻冷到抖"，小寒是一年中最冷的一段时间，冰雪寒风更加肆虐。地里的庄稼和洞穴里的动物都接受着严寒的考验。

## 问刘十九

[唐] 白居易

绿蚁新醅酒，红泥小火炉。
晚来天欲雪，能饮一杯无？

# 小寒三候

### 一候 "雁北乡"

大雁根据天地间的阳气变化进行迁徙，小寒虽然处于最寒冷的时节，但此时阳气已经开始上升。大雁们开始动身离开南方，向北方飞去。

### 二候 "鹊始巢"

枝头上的喜鹊慢慢多了起来，叽叽喳喳地吵个不停，好像在商量着在这里筑巢，还是在那里筑巢，为繁殖下一代做好准备。

### 三候 "雉始雊"

感受到阳气的变化后，雉（野鸡）开始活跃了起来，四处鸣叫着求偶，像是在催促着冬天快点离去，春天早点到来。

116

## 踏雪寻梅

梅花因其傲骨凌霜、清雅脱俗的品格，被视为坚韧不拔、高洁坚强的象征。在小寒时节，梅花不仅花色艳丽，而且花香浓郁。因此，古人喜欢在这个时候踏着厚厚的积雪，去寻找并欣赏那些在冰天雪地中依然绽放的梅花，感受那份独特的诗情画意。

# 小寒习俗

### 喝腊八粥

腊八节一般在小寒前后，很多地区都有腊八节喝腊八粥的习俗。将大米、小米、花生、红枣、桂圆、莲子等多种不同的食材熬煮，煮成的腊八粥既美味又养生。

### 煮菜饭

到了小寒，南方一些地区会煮菜饭吃，将青菜、咸肉片、香肠片、板鸭丁等食材与糯米一起煮熟，煮出来的菜饭吃起来鲜香可口。其中最出名的就是"南京菜饭"。

# 大寒

大寒是冬季的最后一个节气，也是二十四节气中的最后一个节气，在公历1月20日或1月21日。

"大寒到顶点，日后天渐暖"，大寒时虽然依旧寒冷，但大地上隐隐有了几分回暖的春意。尤其在南方地区，田里的冬小麦、油菜等作物破开冰雪露出绿油油的嫩芽，带来勃勃生机的同时，也预示着人们要忙着管理农事了。

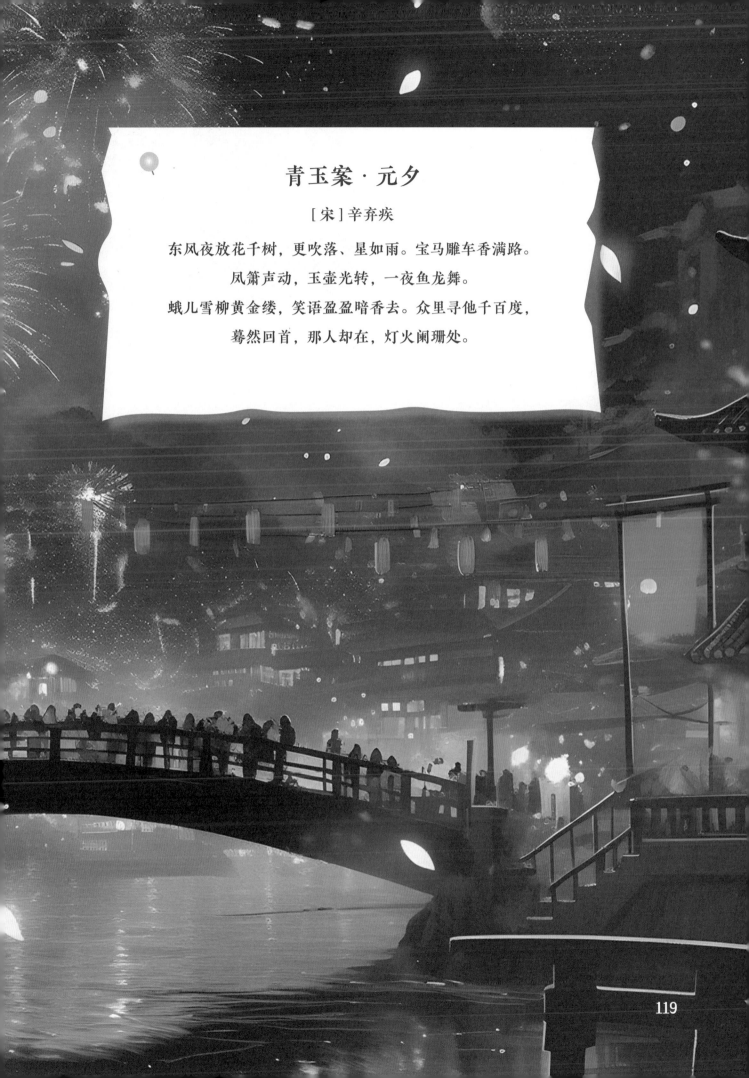

# 青玉案·元夕

[宋] 辛弃疾

东风夜放花千树，更吹落、星如雨。宝马雕车香满路。

凤箫声动，玉壶光转，一夜鱼龙舞。

蛾儿雪柳黄金缕，笑语盈盈暗香去。众里寻他千百度，

蓦然回首，那人却在，灯火阑珊处。

# 大寒三候

### 🔘 一候 "鸡始乳"

鸡感受到正在萌发的温暖春意后，懒洋洋地从鸡笼里跑出来，蹲到鸡窝里开始下蛋并孵化小鸡了。

### 🔘 二候 "征鸟厉疾"

鹰隼等猛禽此时战斗力很强，它们盘旋在半空，搜寻到猎物后，一个俯冲迅速将其捕捉，及时为身体补充能量，抵挡住冬天最后一波寒意。

### 🔘 三候 "水泽腹坚"

江河湖泊的中心被冻得结结实实，此时走在冰面上就像走在平地上一样，人们可以在冰上尽情玩耍。

# 大寒习俗

## 贴窗花

为了美观和喜庆，有些人家会用崭新的红纸剪裁一些吉祥的图案贴在窗户上，恭迎农历新年的到来。

## 除尘

"家家刷墙，扫除不祥"，在大寒至农历新年的这段时间，家家户户都会给家里来个大扫除，寓意把坏运气全部扫除掉。

## 迎年

大寒一过就是年。大寒处于农历腊月，窝了一冬的人们都开始忙碌起来，在外求学、工作的也陆续开始归家了。大寒期间充满了欢乐和喜悦的气氛，很多活动都是为了迎接春节举办的。

# 节气小课堂

## 腊月和正月

在古代，"腊"是一种祭礼的名字，人们在新旧交替的十二月用猎获的禽兽祭祀祖先和天地神灵，后来就将这种祭祀称为"腊祭"，将十二月称为"腊月"。这种叫法一直流传至今。

## 小年

南方和北方的小年时间不同，北方多数地区的小年在腊月二十三，南方多数地区的小年则在腊月二十四。小年也被称为"灶神节"，是民间供奉、祭拜灶王爷的日子。

## 除夕和春节

除夕是中国最重要的传统节日，是一年的最后一天。除夕这天的夜晚被称为"大年夜"，一家人吃完团圆饭后，会坐在一起守岁，通宵不眠。过了大年夜就是新年的第一天"春节"，也称为"新春"。

## 雪花的形成

当空中的气温降到0℃以下，水蒸气就会凝结成冰晶，周围的水汽不断靠近冰晶并与之聚集在一起，冰晶逐渐增大，便成了雪花。

## 瑞雪兆丰年

冬天的积雪可以给农作物盖上"被子"，保护它们不被严寒冻伤。这些积雪融化后就成了作物生长所需的水分。积雪融化时需要吸收大量的热量，害虫和虫卵会被冻死，虫害对作物的影响会大大降低。所以，冬天时人们很盼望下大雪。

## 动物冬眠

冬眠是大自然中的动物在冬季天气寒冷、食物匮乏的环境下所选择的一种生存策略。很多两栖、爬行、哺乳动物以及昆虫都会冬眠，比如乌龟、青蛙、北极熊、蛇等。它们通常冬眠3～5个月，等到第二年春暖花开时再醒来。

## 四季常青树

有一些树木即使在寒冷的冬季也保持着枝叶常青的状态，比如松树、柏树等。松树、柏树这类植物即使在冬季也能常青的一个原因，在于它们的叶子像针尖一样细小，需要消耗的水分和养分极少。

## 百折不挠的野草

在北方，冬天的大地就像被剃了光头一样，一棵绿色的野草都没有了。但这些野草并没有死去，它们的种子或者根依然存活在土壤里，等到第二年春天来临，大地回暖，又会发芽钻出地表，长成青青的绿草。

# 二十四节气歌

二十四节气歌是一首简洁明快、易于记忆的诗歌，它以韵律的形式概括了中国传统的二十四节气。这首节气歌既便于记忆每个节气的顺序，也展示了我国古代农耕文化中对时令变化精准把握的智慧。以下是其中一种广为流传的版本：

## 二十四节气歌

春雨惊春清谷天，夏满芒夏暑相连。
秋处露秋寒霜降，冬雪雪冬小大寒。
每月两节不变更，最多相差一两天。
上半年来六廿一，下半年是八廿三。

## 注释

第一句：

立春、雨水、惊蛰、春分、清明、谷雨、立夏、小满、芒种、夏至、小暑、大暑。

第二句：

立秋、处暑、白露、秋分、寒露、霜降、立冬、小雪、大雪、冬至、小寒、大寒。

第三句：

每个月都有两个节气，间隔 15 天左右。但由于月份天数有变化，实际上两个节气之间的天数最多会相差一两天。

第四句：

廿：读作 *niàn*，意思是二十。上半年的节气一般在 6 日和 21 日，下半年的节气一般在 8 日和 23 日。

图书在版编目（CIP）数据

孩子超爱看的二十四节气 / 磨铁星球编著. -- 北京:
中国友谊出版公司，2024.10
ISBN 978-7-5057-5879-7

Ⅰ. ①孩… Ⅱ. ①磨… Ⅲ. ①二十四节气 – 少儿读物
Ⅳ. ①P462-49

中国国家版本馆CIP数据核字(2024)第093035号

| | |
|---|---|
| **书名** | **孩子超爱看的二十四节气** |
| **作者** | 磨铁星球 编著 |
| **出版** | 中国友谊出版公司 |
| **发行** | 中国友谊出版公司 |
| **经销** | 新华书店 |
| **印刷** | 天津海顺印业包装有限公司 |
| **规格** | 889毫米 ×1194毫米　16 开 |
| | 8印张　110千字 |
| **版次** | 2024 年 10 月第 1 版 |
| **印次** | 2024 年 10 月第 1 次印刷 |
| **书号** | ISBN 978-7-5057-5879-7 |
| **定价** | 58.00 元 |
| **地址** | 北京市朝阳区西坝河南里 17 号楼 |
| **邮编** | 100028 |
| **电话** | （010）64678009 |